D'OBOCK AU CHOA

EXPÉDITION SCIENTIFIQUE ET COMMERCIALE

D'OBOCK

Possession française sur la côte orientale d'Afrique, dans le golfe d'Aden

AU ROYAUME DU CHOA (SUD DE L'ABYSSINIE)

ENTREPRISE PAR LA SOCIÉTÉ DES *FACTORERIES FRANÇAISES*

Conduite par M. L.-A. BRÉMOND, de Marseille, explorateur de l'Afrique centrale

PREMIERS RAPPORTS SUR OBOCK

SOCIÉTÉ DES FACTORERIES FRANÇAISES

ADMINISTRATION ET SIÈGE SOCIAL

34, RUE DU QUATRE-SEPTEMBRE, A PARIS

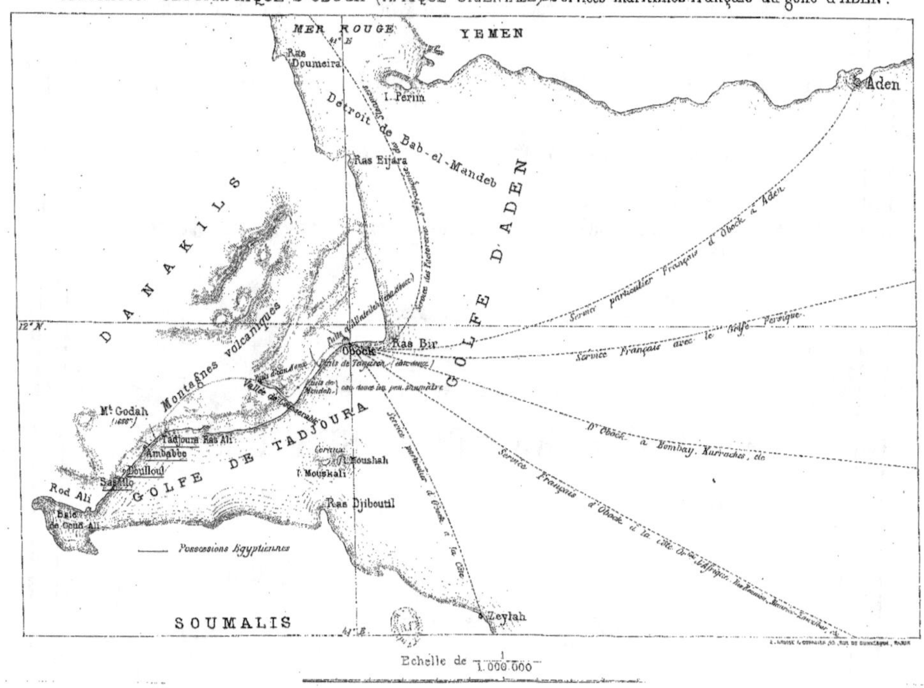

SITUATION GÉOGRAPHIQUE D'OBOCK (AFRIQUE ORIENTALE).—Services maritimes français du golfe d'ADEN.
MER ROUGE
YEMEN
Aden
Ras Doumeira
I. Périm
Détroit de Bab-el-Mandeb
Ras Eijara
DANAKILS
GOLFE D'ADEN
12°N.
Montagnes volcaniques
Ras Bir
Obock
Mt Godah
Tadjoura Ras Ali
Ambabbo
Doulloud
Sagallo
Rod Ali
Baie de Goaba Ali
GOLFE DE TADJOURA
I. Moushah
I. Mouskali
Ras Djibouti
Possessions Égyptiennes
Service particulier Français d'Obock à Aden
Service Français avec le Golfe Persique
D'Obock à Bombay, Kurrachee, etc.
Service Français d'Obock à la côte Est d'Afrique
SOUMALIS
Zeylah
Echelle de 1/1.000.000

D'OBOCK AU CHOA

EXPÉDITION SCIENTIFIQUE ET COMMERCIALE

D'OBOCK

Possession française sur la côte orientale d'Afrique, dans le golfe d'Aden

AU ROYAUME DU CHOA (SUD DE L'ABYSSINIE)

ENTREPRISE PAR LA SOCIÉTÉ DES *FACTORERIES FRANÇAISES*

Conduite par M. L.-A. BRÉMOND, de Marseille, explorateur de l'Afrique centrale

PREMIERS RAPPORTS SUR OBOCK

SOCIÉTÉ DES FACTORERIES FRANÇAISES

ADMINISTRATION ET SIÈGE SOCIAL

34, RUE DU QUATRE-SEPTEMBRE, A PARIS

INTRODUCTION

BUT ET PROGRAMME DES ÉTUDES DE L'EXPÉDITION

Colonisation française à Obock, port situé à la sortie de la mer Rouge, dans le golfe d'Aden, à quelques heures du port anglais : Aden — Entrepôt de marchandises françaises manufacturées destinées à l'échange contre les produits naturels des contrées voisines d'Obock ;

Création d'un dépôt de charbons et de denrées alimentaires à Obock pour le ravitaillement de la marine française militaire et marchande ;

Compléter et rectifier les données encore vagues et incomplètes sur la topographie et les richesses végétales et minérales de notre possession, et des Etats soumis à la domination du roi Ménélick II ;

Tracer une voie commode et sûre entre la possession d'Obock et l'intérieur ; pénétrer au Choa, vaste et magnifique contrée dont le roi, Ménélick II, est ami de la France ; et au-delà, jusqu'au royaume de Kaffa, délimiter le cours de l'Awasch, grande rivière qui forme la limite géographique de ce pays ; établir tout le long de cette route un système de factoreries, reliées entre elles par un service permanent par terre et par eau ;

Construire une voie ferrée à pose rapide, d'environ 100 kilomètres de long, d'Obock jusqu'au lac d'Aossah où se jette l'Awasch ; et, après étude de ce programme reconnu réalisable, ouvrir ce nouvel et vaste débouché à notre trafic international pour les produits français et pour les richesses minérales et végétales de ces pays.

Nota. Des marchandises de toute nature, convenant à ces contrées ; des armes de luxe, de guerre, et de chasse, ainsi que des munitions ont été expédiées et entreposées dans la factorerie française à Obock. Ces marchandises sont vendues au roi Ménélick II qui en prend livraison par ses caravanes descendant sur Obock.

Fig. 1.
Puits creusés dans le torrent
au bas de la falaise.

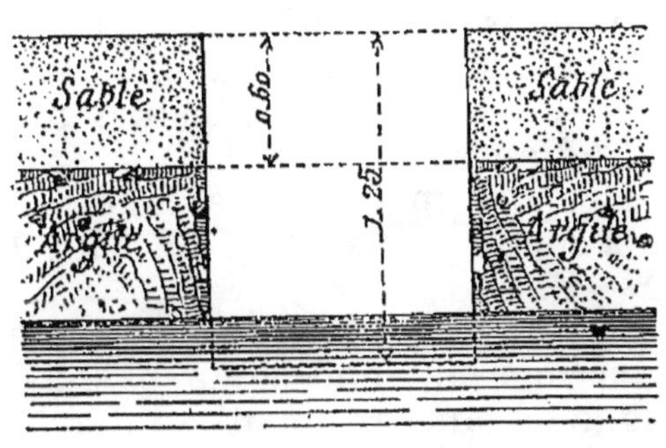

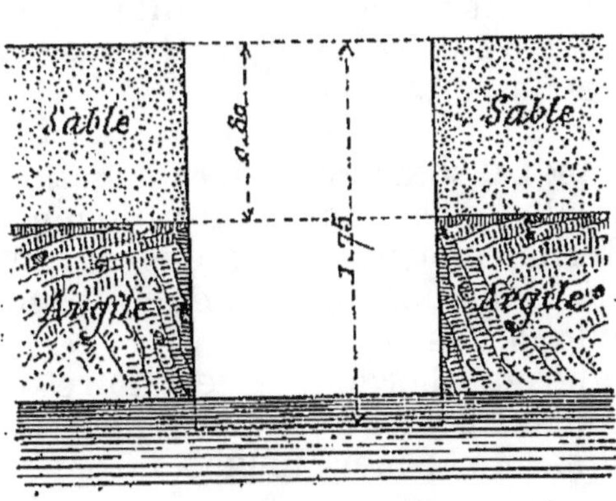

Puits A et B.

I.

SITUATION, GÉOLOGIE, HYDROGRAPHIE

PAR

M. A. AUBRY

Ancien élève de l'École Polytechnique, Ingénieur des Mines,
Ingénieur de la Société, attaché à l'Expédition
Et chargé par le ministère de l'Instruction publique (arrêté du 3 janvier 1883)
D'une mission scientifique dans le royaume de Choa et dans le pays des Gallas.

EMPLACEMENT D'OBOCK. — En quittant la mer Rouge et suivant la côte orientale d'Afrique, on rencontre le cap Ras-Bir qui forme l'entrée du golfe de Tadjoura.

Si, à partir du cap, on se dirige vers l'ouest, on aperçoit des falaises qui forment, entre la mer et une chaîne de hautes montagnes, un immense plateau qui constitue le territoire de la colonie française d'Obock. Ces montagnes suivent une direction N.-É. S.-O. et s'infléchissent vers le sud entre Obock et Tadjoura.

Une vallée formant un immense delta où aboutissent tous les torrents coupe le plateau : elle suit à peu près la direction N.-O.—S.-E.

Le delta est formé par la première ligne de falaises O.-E bordant la mer au fond de la baie d'Obock et par une seconde ligne de falaises aboutissant au cap Obock.

C'est sur la rive gauche des Torrents et au nord de ce cap que se trouvent les établissements français ; ce point servira de centre à nos recherches et nous lui rapporterons les distances et les directions.

FORMATION DE LA CONTRÉE. — La formation de la contrée est récente ; elle appartient aux alluvions modernes de l'époque quaternaire ou actuelle ; elle est contemporaine de l'apparition de l'homme. Elle est due à l'action du vulcanisme et à celle des eaux.

Les montagnes qui bordent le territoire d'Obock appartiennent, comme Aden, au soulèvement qui a formé les côtes volcaniques de la mer Rouge.

On peut rattacher cette formation au système de soulèvement du Ténare, dont la direction est (N. 10°—O) et que
M. Elie de Beaumont place au commencement de l'époque
actuelle.

Cette catastrophe, la plus récente que l'on connaisse, a
eu lieu à une époque où les mers étaient habitées par les
animaux qui y vivent aujourd'hui et peut-être depuis que
l'homme a paru sur la terre.

C'est d'ailleurs à cette époque que M. Elie de Beamont
rapporte l'apparition de l'Etna, du Vésuve, des îles Lipari,
des volcans modernes de l'Auvergne et du mont Hécla en
Islande.

Les montagnes volcaniques d'Obock ont eu des éruptions
récentes, car on y trouve de nombreuses sources d'eau
chaude et sulfureuse.

La mer occupait anciennement le territoire d'Obock ; puis
par suite de ce soulèvement elle s'est retirée, laissant des
dépôts madréporiques ou bancs de coraux que nous retrou-
vons encore dans la mer au milieu du port. Ces polypes
renferment des coquilles marines de l'époque actuelle.

Action des eaux. — L'influence du vulcanisme n'est pas
la seule cause qui ait agi sur cette configuration du sol ; il
faut aussi considérer l'action des eaux qui détruit par
places pour élever ailleurs. — L'eau a un rôle opposé au
vulcanisme ; elle renverse ce que celui-ci élève, nivelle
tout ce qu'il creuse ; — Obock nous en donne un exemple
frappant : nous y trouvons des torrents creusés dans la
roche calcaire, aux rives bouleversées ; et à côté, des plateaux unis, recouverts d'un limon argilo-calcaire et ne
présentant aucune aspérité.

L'eau, en descendant des lieux élevés, rencontre des
nappes perméables, et sa voie est double ; une partie cir-
cule souterrainement, l'autre coule à la surface du sol.

La roche est formée de dépôts madréporiques ; sa partie
essentielle est du carbonate de chaux qui est un peu
soluble dans l'eau chargée d'acide carbonique ; il se forme
du bicarbonate de chaux (le calcaire est soluble dans
1,000 parties d'eau chargée d'acide carbonique), elle contient en outre des corps solubles : elle est donc facilement
désagrégée par l'action des eaux qui en entraînent les éléments à la mer. Les gouttes d'eau qui tombent sur les
montagnes volcaniques se réunissent en ruisseaux qui im-
priment des sillons dans les roches, puis creusent des torrents qui se rendent à la mer.

Les rives du torrent d'Obock sont en de nombreux points, escarpées et bouleversées, ce qui nous prouve l'action destructive des eaux.

Les laves, qui composent la majeure partie des montagnes volcaniques, sont aussi décomposées.

Ces laves basaltiques sont composées de feldspath labrador et de pyroxène augite : le feldspath labrador est un silicate d'alumine et de chaux sodique, l'augite est un silicate de chaux de fer et de magnésie, et c'est lui qui constitue l'élément coloré de la lave.

Cette roche a en résumé la composition chimique moyenne suivante :

Acide silicique, 43. — Silicate d'alumine (argile), 14. — Oxyde de fer, 15. — Chaux, 12. — Magnésie, 9. — Potasse, 1. — Soude. 4. — Eau, 2.

L'eau chargée d'acide carbonique et l'oxygène de l'air interviennent pour produire la décomposition de la lave.

La chaux et la magnésie sont transformées en carbonates, et il y a de l'acide silicique mis en liberté qui forme du quartz agate et du quartz calcédoine.

Le silicate d'alumine n'est pas attaqué par l'acide carbonique, et le principal produit de la décomposition des laves et des basaltes est l'argile.

L'argile peut aussi donner un autre pseudomorphose : la chaux est transformée en carbonate et il reste un silicate d'alumine, de fer et de magnésie qui est la chlorite; la magnésie est à son tour attaquée par l'acide carbonique de l'air et on arrive finalement à l'argile.

L'olivine qui entre dans les basaltes est aussi décomposée et donne de la serpentine (L'olivine est un péridot, sa composition est un silicate de magnésie et de fer).

Chaque pluie détache des montagnes volcaniques des fragments qui s'arrondissent et forment des galets.

Le lit des torrents d'Obock nous donne un exemple de ces pseudomorphoses des laves basaltiques. Au-dessus de la couche d'argile qui se trouve dans toute la contrée, viennent des sables, graviers et galets composés de laves roulées, de quartz, de quartz calcédoine, de quartz agate, de chlorite schisteux, de serpentine et de petro-silex.

Les nappes d'eau souterraines produisent des décompositions analogues, et finalement, les eaux entraînent à la mer une partie des matériaux qui forment la contrée et principalement la chaux à l'état de bicarbonate de chaux soluble.

FORMATION DES ROCHES. — Par l'apport de nombreux

cours d'eau analogues, la mer se saturerait de bicarbonate de chaux, mais des millions d'habitants (Mollusques, échinodermes, coraux et foraminifères) empêchent ce résultat en arrachant le carbonate de chaux dissous pour le convertir en substance solide et former de nouvelles roches. Les nombreux bancs de coraux qui se trouvent dans le port d'Obock nous en donnent un exemple. Ces polypes ne peuvent d'ailleurs vivre que dans la zone tropicale, car il leur faut une température moyenne de 28 à 30° centigrades.

Ils vivent en colonies, réunis par milliers sur la même tige et se développent les uns au-dessus des autres en formant des bancs et des récifs. Il existe dans le port d'Obock un de ces bancs de coraux qui, à marée basse, présente l'aspect d'un champignon ; ces constructions de polypes s'élèvent en moyenne de 2 c/m par année.

Aux périodes géologiques anciennes (quaternaires), ces bancs se sont soulevés par degrés et une partie a formé la terre ferme.

L'analyse qualitative de ces roches nous a donné le résultat suivant :

Carbonate de chaux prédominant ;
Carbonate de magnésie ;
Acide sulfurique ⎫
Chlore ⎪
Potasse et soude ⎬ en petites quantités.
Silice ⎭

Cette roche peut être employée pour la construction et, par calcination, elle donne une chaux un peu maigre à cause de la magnésie qu'elle contient.

Au-dessous de ce calcaire se trouve une couche d'argile ; on aperçoit cette formation dans les rives escarpées et bouleversées des torrents, et en différents endroits cette argile est schisteuse et très fine.

On retrouve cette couche d'argile sur toute la contrée et en particulier au milieu du Delta et sous le lit des Torrents, au-dessous de la couche de sables et graviers.

Cette argile peut être employée à la confection de briques, de mortiers hydrauliques et de ciments ; aussi, dans le cas d'un avenir prochain de notre colonie, serait-il facile de se procurer à très bon compte et en grande quantité, tous les matériaux nécessaires à la construction. Les eaux descendent des montagnes entraînant des débris volcaniques et de l'argile ; elles glissent d'abord sur les plateaux, désagrègent la roche madréporique, nivellent les parties abruptes et déposent enfin un limon argilo-calcaire qui est le Loess de l'époque diluvienne.

Les eaux continuant leur marche creusent les lits des torrents qui, eux, présentent l'aspect inverse, ils sont escarpés et bouleversés. Les torrents d'Obock ne commencent pas aux montagnes, mais en certains points des plateaux plus faciles à la désagrégation. Le Delta a une formation analogue ; dans les temps reculés, les eaux se sont précipitées en masses considérables, ont désagrégé la roche et formé ainsi les bords à pic du Delta. Il est protégé du flux et reflux de la mer par les dunes qui partent du cap Obock de sorte que le dépôt des sédiments peut s'y faire librement.

Le Delta est formé d'argile, et le lit des Torrents est recouvert d'une couche de sables et cailloux roulés, dont l'épaisseur varie de 0m,50 à 1m,00.

Le terrain argileux des plateaux et celui du Delta pourrait, par sa nature, être livré à la culture ; mais la sécheresse est très grande dans le pays et les travaux d'arrosage seraient très dispendieux. L'argile du Delta serait de beaucoup préférable ; mais alors on aurait à craindre les inondations aux époques des grandes pluies.

N'étant que peu compétent en matière d'agriculture, je ne puis donner un jugement absolu sur cette question. Un ingénieur agricole serait plus apte que moi à remplir cette mission.

RECHERCHE DE L'EAU DOUCE. — Les pluies étant peu fréquentes à Obock, les torrents sont presque continuellement à sec ; aussi ne peut-on compter sur eux pour l'alimentation. On a creusé de nombreux puits dans le torrent en face de nos factoreries ; mais l'eau y est saumâtre à cause des infiltrations de la mer : ils servent pour abreuver les animaux domestiques de la contrée.

Mais depuis longtemps on a reconnu l'existence d'une nappe d'eau douce souterraine ; on la trouve dans le Delta au milieu de la couche d'argile à une profondeur variant de 0m,50 à 2m,00. Cette nappe se retrouve au-dessous des bancs de calcaire.

Quelques années après l'achat d'Obock, en 1862, le Commandant Salmon, du « Surcouf », fit creuser deux puits au bas de la falaise à deux cents mètres du point où sont situées nos factoreries ; l'un d'eux, le moins profond, contenait de l'eau potable, tandis que l'autre donnait de l'eau saumâtre.

Depuis cette époque, d'autres navires de guerre, tels que le *Forbin* et le *Bisson* firent creuser de nouveaux puits dans d'autres bras du torrent, ainsi que dans la masse d'argile qui sépare les torrents ; ils ont obtenu de l'eau douce à une faible profondeur.

Les puits du commandant Salmon étaient abandonnés à l'époque de notre passage; j'en fis creuser deux nouveaux, à quelque distance et j'ai observé les faits suivants :

Le plus proche a une profondeur de 1 m. 25 c. avec une couche de sable de 0 m. 60 c. ; — l'autre, situé à une dizaine de mètres du premier, a une profondeur de 1 m. 75 c., avec une couche de sable de 0 m. 80 c. Les ouvertures de ces deux puits sont sensiblement au même niveau ; ils ont donné, tous les deux, de l'eau douce; cependant, celle du second était un peu saumâtre.

Les indigènes du pays ont fait de nouveaux puits, à côté de ces derniers, qui donnent aussi de l'eau douce et d'autant meilleure que le puits est moins profond. Il est à remarquer qu'un puits qui donne de l'eau douce, devient saumâtre si on augmente sa profondeur.

REMARQUE SUR L'EAU DOUCE. — La nappe d'eau douce existe sous toute la contrée ; un membre de notre expédition s'étant rendu à Tadjoura pour la formation de notre caravane, m'a rapporté les faits suivants :

La route qu'il suivit en revenant est marquée en traits ininterrompus sur la première carte de ce rapport.

En quittant Tadjoura, on arrive à Cousserahlé après huit heures de marche ; au commencement de ce torrent se trouve un puits d'eau douce. On peut camper en cet endroit. Parti le lendemain à 4 heures du matin, il suivit le lit du torrent pendant deux heures, puis le bord de la mer.

On rencontre alors trois nouveaux puits, ceux de Mendoh, de Tagareh et d'Allateileh, à une heure et demie d'Obock ; ces trois puits donnent de l'eau douce.

De Cousserahlé à Obock, il y a dix heures de marche, donc en tout 18 heures.

Les puits situés au milieu du delta, dans le torrent et dans l'argile, donnent aussi de l'eau douce.

L'existence de ces puits voisins donnant des eaux différentes, nous prouve aussi qu'il y a deux origines de ces eaux.

La première nappe souterraine vient des montagnes et donne de l'eau douce ; la seconde est due aux infiltrations de la mer et donne de l'eau saumâtre. Nous voyons d'ailleurs que pour les anciens puits, comme pour les nouveaux, c'est le plus profond qui est saumâtre, car son niveau d'eau se trouve inférieur à celui des grandes marées. — Cette eau douce contient certainement des matières étrangères, mais elle est très suffisante pour l'alimentation.

A l'analyse qualitative nous y avons trouvé : acide carbonique, chlore, acide sulfurique, chaux, magnésie, potasse et soude, silice. Nous avons d'ailleurs d'autres preuves de cette nappe d'eau souterraine venant des montagnes. Nous allons les examiner.

SOURCE CHAUDE ET SULFUREUSE. — Si, en partant du cap Obock on suit la côte vers l'ouest, on rencontre au milieu de la roche calcaire, à 600 mètres du Cap, deux ouvertures laissant échapper des vapeurs sulfureuses ; ces deux ouvertures communiquent avec une nappe d'eau souterraine chaude et sulfureuse. — Ces deux sources sont dans l'argile : la première a sa nappe d'eau à 2 m. 20 c. au-dessous du sol et la seconde à 1 m. 40 c. ; leur température est de 80 degrés centigrades.

A l'analyse, ces eaux contiennent : acide carbonique, chlore, acide sulfurique, hydrogène sulfuré ; de la chaux, de la soude, de la magnésie, de la potasse et de la silice.

Cette eau est saumâtre et très chargée de bicarbonate de chaux ; cela tient aux infiltrations de la mer et aux parties des roches entraînées ; elle contient plus de calcaire que les eaux froides, car sa température lui donne un pouvoir dissolvant plus considérable.

Cette température élevée, ainsi, que la présence de matières sulfureuses dans cette eau proviennent de ce que la nappe d'eau rencontre des terrains volcaniques encore en éruption intérieure et dégageant de l'hydrogène sulfuré et des sulfures. Nous savons, en effet, que l'accroissement de température est de 1° par 33 m. de profondeur, c'est donc à 3,300 mètres que les sources acquièrent la température de l'ébullition.

Les sources chaudes d'Obock proviennent de la nature volcanique de la contrée où des chemins sont ouverts entre la surface de la terre et sa profondeur.

SONDAGE. — Je fis aussi exécuter un sondage dans l'enceinte des factoreries, à 8 mètres au-dessus du niveau de la mer.

Le terrain à traverser était un banc de corail ; le premier jour, l'avancement fut de deux mètres ; le second il fut de six mètres ; le troisième jour de quatre mètres et le quatrième jour de deux mètres.

Au bout de quatre jours j'obtenais donc un trou de sonde de 14 mètres et l'eau arrivait à 8 mètres au-dessous du sol; le diamètre du trou était de 0 m. 08. Malgré cette profondeur, je n'arrivais pas à la couche d'argile : l'eau était venue par infiltration au milieu de la roche calcaire. On voit par cet avancement rapide que la roche de la contrée est très tendre, mais l'affleurement est beaucoup plus dur; cela provient de l'action de l'air qui transforme les matières solubles en carbonates insolubles. Au bout du troisième jour, l'avancement fut moins rapide à cause de la difficulté des manœuvres.

L'eau obtenue était saumâtre comme celle des puits qui sont devant les factoreries et comme celle des sources sulfureuses, car elle était mélangée avec les infiltrations de la mer; cette eau était chaude; sa température était de 40°.

De ces diverses recherches, on peut conclure qu'il existe de l'eau douce à Obock, à condition qu'elle ne traverse point des fentes volcaniques et des roches calcaires qui laissent entraîner leurs éléments, et surtout en évitant l'accès dans les puits des infiltrations de la mer.

On devra donc chercher l'eau douce dans le Delta, au niveau le plus élevé possible.

RÉSUMÉ DU SONDAGE.

NATURE DU TERRAIN à traverser.	SYSTÈME DE SONDAGE employé.	OUTIL de FORAGE.	Profondeur du trou.	Diamètre du trou.	NOMBRE d'hommes employés.	AVANCEMENT par heure de travail total.	MAIN-D'ŒUVRE par mètre de trou foré.
Roche calcaire formée de dépôts madréporiques.	Tiges soulevées à bras d'homme au moyen d'une poulie et d'un trépied. — Tiges carrées en fer de 0^m022.	Trépan à joues en acier de 0^m065 sur 0^m025.	14^m	0^m08	10 hommes par poste de 9 heures par jour pendant 4 jours à 1 fr. 10 par homme et par jour.	0^m030	$3^f,15$

Observations. — On voit que l'avancement est moins rapide que dans nos pays, mais la main-d'œuvre est bien meilleur marché. — Ce sondage est effectué dans de bonnes conditions.

RÉSUMÉ. — La formation d'Obock appartient aux alluvions modernes de l'époque actuelle; elle est manifestée par les phénomènes suivants :

Phénomènes dont l'origine est à la surface du globe et donnant lieu à des produits :

- Atmosphériques et terrestres.
  - Influence de l'atmosphère sur les roches qui durcissent à son contact.
  - Eboulements, glissements et débâcles.
  - Terre végétale.
- Lacustres et d'eau douce.
  - Alluvions des rivières et des torrents.
  - Action des cours d'eau sur les roches.
- Marins.
  - Inorganiques.
    - Alluvions marines.
    - Dunes.
    - Deltas et alluvions des rivières qui les produisent.
  - Organiques..
    - Iles de coraux.
    - Dépôts coquilliers.

Phénomènes dont l'origine est au-dessous de la surface du globe, et donnant lieu à des produits :

- Aqueux.
  - Sources minérales et thermales.
- Volcaniques.
  - Volcans éteints ou brûlants donnant lieu à un dégagement d'hydrogène sulfuré et aux sources d'eau chaude.

Phénomènes dont l'origine est au-dessous de la surface du globe, et donnant lieu aux effets des :

- Tremblements de terre.
- Soulèvements et abaissements contemporains.

Nous donnons plus loin la carte géologique de la contrée.

REMARQUE SUR LA CONSTITUTION GÉOLOGIQUE. — La formation du plateau Nord est identique à celle de la falaise qui borde la mer et à celle du plateau Sud; la seule différence consiste en ce que la couche d'argile calcaire qui se trouve au-dessus des dépôts madréporiques est plus épaisse dans la partie voisine des montagnes que dans celle voisine de la mer : c'est ce qui a motivé la différence de dénomination de notre carte.

OBSERVATIONS GÉNÉRALES. — Le territoire d'Obock se trouve par le 11º 58' 54" de latitude Nord et 40º 59' 54" de longitude Est ; il s'étend à l'intérieur du golfe de Tadjoura, depuis le cap Ras Bir jusqu'au cap Ras-Ali sur une longueur de 60 kilomètres, et est borné par les montagnes. Le port d'Obock est formé par deux lignes de récifs, partant l'une du cap Ras-Bir et l'autre du cap Obock.

Un banc de corail partant du sud-ouest de la baie et aboutissant au milieu du port forme deux bassins communiquant entre eux par un canal assez profond, qui reste entre les récifs et la tête du banc.

Il existe par conséquent deux mouillages distincts, bien abrités par des bancs de coraux ; le chenal de communication est assez profond, mais il est sinueux et rétréci par des pâtés de coraux.

Le mouillage S.-O. est assez profond et assez large ; mais celui du N.-E. ne communique avec la mer que par un chenal étroit mesurant une profondeur de 8 mètres ; il ne serait pas prudent de s'y engager avec un navire calant 6 mètres, par les vents violents de l'Est. On pourrait baliser le chenal qui fait communiquer les deux mouillages, et le port Obock offrirait des garanties de sûreté contre la mer, grâce aux récifs qui en ferment l'entrée, et il peut donner accès aux plus grands bâtiments.

Dans les deux bassins, le fond de la mer est vaseux et l'épaisseur de la couche de vase diminue avec le décroissement du fond. La colonie d'Obock présente encore d'autres avantages : on pourrait y établir des dépôts de charbon et avoir ainsi un port français pour le ravitaillement des navires de guerre se rendant en Cochinchine. La route serait diminuée pour nos colonies françaises de Madagascar et de l'île Bourbon.

On créerait ainsi à Obock un Aden français dont l'accès serait à certains moments de l'année plus facile que celui du port anglais (époque de la mousson d'hiver. — Mousson N.-E.)

REMARQUE SUR LES MOUSSONS. — La mousson d'Obock est celle du golfe d'Aden, et celle du golfe d'Aden est la même que celle de l'océan Indien et de la mer d'Oman.

Elle est N.-E. en hiver et S.-O. ou été. Les mois de transition sont les mois de septembre et d'avril. — A Obock, la mousson souffle plus particulièrement N.-E.-E. et S.-O.-O. — La mousson de la mer Rouge a une direction normale à celle du golfe d'Aden.

La population d'Obock est pauvre et nomade ; elle n'est descendue des montagnes que depuis que des comptoirs français sont venus leur apporter quelques ressources. La tribu appartient à la race Danakile et en possède la fausseté et la lâcheté ; leur chef est Mahomet-Dinih, de la famille d'un des sultans qui nous a vendu le territoire.

Ce point, par sa situation à l'entrée de la mer Rouge, peut devenir un comptoir important si la France se décidait à l'occuper effectivement et à y fonder une colonie.

On verrait toutes les caravanes venant de l'Abyssinie, du golfe de Tadjoura et de la côte Soucali, se rendre à Obock de préférence aux ports égyptiens, pour éviter les droits excessifs dont on a imposé leurs marchandises.

La population, tant européenne qu'indigène, serait facile à créer ; la chaleur quoique très élevée (elle varie de 30 à 40° centigrades) est supportable, à cause des brises de la mer.

Le climat est sain ; il n'y a point de marécages et par suite peu de fièvres à craindre ; je laisse d'ailleurs à la compétence du docteur Hamon, médecin de notre expédition, le soin de traiter ce sujet.

Obock, étant très près de l'Equateur, le jour est sensiblement égal à la nuit : le lever et le coucher du soleil se font vers six heures ; il n'y a ni aurore ni crépuscule.

Cette colonie présenterait sur Aden un nouvel avantage par la présence de l'eau douce et des matériaux nécessaires à la construction. Aux époques de grande sécheresse, les puits pourraient s'épuiser, mais il serait facile de créer des citernes qui présenteraient sur celle de la colonie anglaise l'avantage de contenir constamment de l'eau.

Aux époques des grandes pluies, les torrents coulent avec rapidité et débitent un grand volume d'eau ; on pourrait, dans le lit des torrents, au nord des Factoreries, établir des réservoirs cimentés qui alimenteraient la population dans le cas extrême où les puits seraient à sec.

Le meilleur endroit pour s'établir à Obock est le plateau Sud ; c'est d'ailleurs celui que s'est réservé le gouvernement français ; la falaise qui borde la mer présenterait aussi quelques avantages si on balisait le chenal de communication des deux mouillages.

Divers explorateurs rapportent que la contrée contient des mines de charbon et notamment aux environs de Tadjoura. Je n'ai encore pu m'en rendre compte, mais les faits énumérés par les auteurs de ces rapports, ainsi que les échantillons que l'on m'a montrés ici me font craindre que l'on ait pris pour de l'anthracite, des résinites et des obsidiennes qui présentent bien la cassure conchoïdale du charbon, mais qui sont plus dures, plus denses, beaucoup plus fusibles et nullement combustibles. Je visiterai ces lieux en me rendant au Choa, et je pourrai lever ce doute.

On a prétendu aussi que les torrents d'Obock roulaient des paillettes d'or : ce fait est malheureusement inexact.

Obock, 22 avril 1883.

A. AUBRY,
Ingénieur des mines

II.

CLIMATOLOGIE, SALUBRITÉ, HYGIÈNE, FAUNE ET FLORE

PAR

le docteur O. HAMON
De la Faculté de médecine de Paris,
Attaché à l'Expédition,
Chargé par le Ministre de l'Instruction publique (arrêté du 3 janvier 1883)
D'une mission scientifique dans le royaume de Choa et le pays des Gallas.

———

Je ne parlerai pas ici de notre voyage de Marseille à Obock en passant par Aden, voyage dont l'incident le plus agréable a consisté dans les adieux sympatiques qui nous ont été faits, à M. Brémont et à tous les membres de l'expédition, à bord de l'*Iraouaddy*, le 23 janvier dernier, par un groupe de savants et de négociants Marseillais.

Nous avons dû faire étape à Aden, en attendant notre transport à Obock, afin d'y terminer nos préparatifs d'expédition.

Nous avons séjourné plusieurs jours dans cette possession anglaise : c'est un rocher volcanique, inculte, dont le séjour est surtout rendu peu agréable par l'absence d'eau potable: car les vastes citernes de la citadelle anglaise ne pourraient suffire — et ce n'est pas le cas — que dans une contrée où le ciel laisserait tomber l'eau avec moins de parcimonie En dépit de cette situation éminemment défavorable, et bien qu'il n'y ait aucune trace de végétation, nous avons dû constater que les Anglais, après avoir enfoui dans ce sol desséché des millions, ont su en faire surgir une ville de vingt mille habitants protégée par un surprenant système de fortifications.

Le 28 février, nous embarquions à bord du stamer français « Landore » venu exprès à Aden, chargé de marchandises diverses, produits manufacturiés et denrées alimentaires par la Société des factoreries françaises, à destination de son entrepôt d'Obock.

Le 1er mars, nous débarquions à Obock, qui nous inté-

ressait à un double point de vue: d'abord c'est une possession française; ensuite, la Société des factoreries françaises vient, de son initiative privée, d'y établir un comptoir dont l'avenir intéresse notre commerce national.

L'opinion publique, en France, occupée avec juste raison d'ailleurs des événements de la côte occidentale de l'Afrique a peut-être trop oublié qu'il existe sur la côte orientale, à l'entrée de la mer Rouge, un territoire où depuis son acquisition, la France n'exerce et n'a conservé qu'une puissance nominale.

Il n'entre pas dans mon sujet de faire valoir ici ce que notre politique nationale extérieure pourrait gagner à une prise de possession plus effective d'une de nos colonies, ni de parler des grands avantages que notre commerce pourrait trouver en nouant des relations avec l'intérieur de l'Afrique. Je me contenterai donc aujourd'hui de résumer mes impressions sur le pays, et sa salubrité, et en présentant une rapide esquisse de la vie à Obock, de la flore et de la faune dans la contrée.

Sans offrir l'aspect verdoyant de nos prairies de Normandie, le territoire d'Obock offre des traces de végétation qui sont un véritable soulagement pour l'œil attristé du voyageur longeant pendant des journées entières la côte déserte, sablonneuse et désolée de l'Afrique orientale.

Mes compagnons d'expédition vous envoient la description topographique et géologique de la contrée ; je me réserverai donc de vous parler de la climatologie et d'élucider les problèmes intéressant la salubrité et l'hygiène du pays.

Température. — Durant notre séjour à Obock (Mars et avril 1883), la température diurne moyenne prise à l'ombre, a été de 30° centigrades. Pendant la nuit on constate un abaissement thermométrique de quelques degrés ; mais aussitôt le lever du soleil la température atteint rapidement son maximum qui persiste pendant toute la journée. Néanmoins, grâce à sa position et à la brise de mer qui atténue l'effet de sa situation intertropicale, la chaleur, à Obock, est beaucoup plus supportable qu'à Aden.

A partir de cinq heures de l'après-midi la température devient réellement fort agréable, et c'est là un fait que nous avons tous constaté avec le plus grand plaisir. Les soirées sont délicieuses, et je n'ai jamais observé ces brusques changements de température qui ont, dans les pays chauds, une influence si désastreuse sur la santé.

L'EAU. — Je n'ai vu tomber l'eau qu'une seule fois : mais avant notre arrivée, il y avait eu des pluies abondantes dont le résultat a été d'activer d'une façon extraordinaire la végétation locale.

Pendant le jour, malgré l'éclat du soleil, on peut sortir sans inconvénient ; l'insolation est un fait très rare. Bien que plusieurs d'entre nous aient été très récemment acclimatés avec les pays chauds, nous avons pu explorer le pays au plus fort de la chaleur sans y gagner la moindre migraine.

Il n'y a pas d'eau courante à Obock. Pendant la saison des pluies les eaux du littoral viennent se jeter à la mer par des torrents dans le lit desquels on creuse des puits pour y conserver de l'eau douce. Tous ces puits ne donnent pas de l'eau potable. Il en est qui détiennent de l'eau saumâtre avec laquelle on abreuve les troupeaux.

A notre arrivée, il fallait aller assez loin chercher l'eau potable. A la suite de sondages opérés sous la direction de l'ingénieur de l'expédition, mon camarade Aubry, on a trouvé l'eau douce très près de la factorerie.

Cette question de l'eau, qui intéresse à un si haut degré l'hygiène et l'avenir d'Obock, a attiré spécialement mon attention. Voici le résultat sommaire de mes observations à cet égard. Il est un fait certain, c'est que tous les puits ne sont pas aptes à fournir de l'eau potable. Pour se procurer de l'eau douce, il y a toujours une étude à faire sur la situation de l'endroit où on voudra creuser un puits il faut surtout se préoccuper de la profondeur à donner à ce puits, afin d'éviter le mélange de la nappe d'eau douce avec l'eau saumâtre provenant de l'infiltration de la mer. C'est là un inconvénient possible qu'il ne faut pas perdre de vue.

Nous avons pris la température des eaux de puits ; elle varie entre 27° et 29° : celle de la mer, prise sur le bord, atteint 31°.

On pourra à très peu de frais, en creusant des citernes, réserver de l'eau potable en telle quantité qu'on le désirera si une grande consommation devenait nécessaire. L'eau douce provenant des puits est de bonne qualité et a bon goût ; on peut lui reprocher une trop grande proportion de sels calcaires. C'est là toutefois un immense avantage que peut lui envier à juste titre la colonie anglaise d'Aden, entièrement privée d'eau douce bonne ou mauvaise.

SOURCES SULFUREUSES. — Au sud-ouest de la plage d'Obock j'ai constaté une source abondante d'eau sulfureuse chaude dont le niveau d'eau est à quelques mètres du sol. Cette source, dont l'odeur indique suffisamment la qualité sulfureuse, offre deux orifices distants l'un de l'autre de quelques mètres. J'ai plongé la main dans l'un de ces orifices ; mais la haute température de la source ne m'a pas permis de l'y laisser plus de quelques secondes : l'odorat est d'ailleurs désagréablement impressionné par les vapeurs d'hydrogène sulfuré qui s'en dégagent. J'évalue la température de cette source à 80° centigrades. En en faisant l'analyse qualitative on aura, avec l'hydrogène sulfuré et le chlorure de sodium, les éléments chimiques de l'eau saumâtre de la région.

Cette source curieuse trouvera certainement son emploi thérapeutique, si Obock vient à être colonisé. Son goût est loin d'être agréable, mais on pourra toujours l'utiliser sous forme de bains.

Salubrité. — Obock me paraît être dans d'excellentes conditions sanitaires. Il n'y a ni marécages, ni eaux stagnantes, ce qui écarte toute possibilité de miasmes paludéens si dangereux dans les pays intertropicaux.

Après les grandes pluies la plaine est quelquefois inondée. Mais sous l'action puissante du soleil et grâce à la constitution du sol dont la surface présente une couche profonde de sable, l'eau disparaît rapidement sans porter aucun préjudice à la santé des habitants.

Je n'ai d'ailleurs observé aucun cas de fièvre paludéenne, ce qu'il m'aurait été facile de constater. Durant mon séjour, tous les indigènes s'empressaient de venir me consulter, même pour le plus léger malaise, et pas une des maladies que j'ai eu à traiter ne pouvait avoir pour cause l'insalubrité de la contrée.

Je n'ai eu à soigner ni hépatite, ni dysenterie, ni fièvre typhoïde, ni insolation. Les maladies de l'appareil respiratoire doivent être fort rares ; car je n'ai eu à soigner qu'un seul phthisique : c'était un vieillard de Tadjourah, distant de deux jours de marche qui, apprenant qu'il y avait un médecin à Obock, était venu me demander une consultation. Grâce à l'uniformité de la température, les bronchites et les pneumonies doivent y être peu fréquentes. Les affections les plus communes chez les indigènes sont les maladies de l'estomac et les manifestations de la scrofule. La syphilis y a élu domicile, et j'ai eu maintes blennorrhagies à traiter.

En somme, toutes ces affections sont dues à la misère physiologique dans laquelle vivent les indigènes et à leurs écarts de régime. Quant aux rares Français qui ont séjourné à Obock, leur santé a toujours été satisfaisante ; j'ai même été surpris de n'avoir jamais eu de complications dans les affections chirurgicales que j'ai eu à soigner, complications que me faisait redouter la température élevée du pays.

En ce moment, je soigne un pauvre garçon de 17 à 18 ans qui porte, au bas de la face externe de la jambe, un ulcère commençant au niveau de la malléole et s'étendant sur une longueur de dix centimètres avec une largeur de cinq à six centimètres. C'est assez vous dire qu'en France, avec une maladie semblable, le repos le plus absolu serait indispensable. Je n'ai pu l'obtenir de ce demi-sauvage qui va et vient comme si rien n'était, et cependant j'obtiens des résultats satisfaisants

Je puis donc conclure en toute sincérité à la salubrité du pays pour les Européens qui n'auront, là comme partout ailleurs dans les pays chauds, qu'à se prémunir contre les écarts de régime. Les lois élémentaires de l'hygiène devront y être scrupuleusement observées.

A Obock, l'alimentation journalière peut trouver ses éléments ailleurs que dans les conserves dont l'usage continu constitue toujours un danger pour la santé du colon.

Ainsi que je l'ai dit plus haut, l'eau y est *douce, abondante et potable*. On pourra se procurer en grande quantité de la viande fraîche de bœuf, de mouton, de veau et de chèvre. Le lait et les œufs s'y trouveront facilement : on aura si l'on veut y faire pousser quelques végétaux alimentaires, l'ensemble d'une nourriture saine et hygiénique.

POPULATION. — La population d'Obock est nomade, et son chiffre peut être difficilement évalué. Quelques indigènes n'y séjournent que pendant le temps nécessaire pour abreuver leurs troupeaux. Cependant, depuis l'établissement des Français, un certain nombre de familles ont abandonné leurs montagnes et se sont fixées à Obock.

L'installation de ces nouveaux colons se fait à peu de frais : quelques branchages circonscrivant un cercle déterminent le lieu d'élection de domicile : d'autres, plus soigneux, cherchent un abri dans de petites huttes dont la hauteur n'atteint pas plus de 1m50. Mohammed-Dinih, fils de l'ancien chef de la contrée qui a vendu Obock à la France, a seul une case dans laquelle on puisse pénétrer sans se baisser.

Cette population indigène appartient à la grande tribu des Danakils qui occupe un immense territoire compris entre l'Abyssinie, le pays des Gallas, le pays des Somalis, et la mer. Cette vaste contrée mal limitée a été peu explorée. Il y a une étude très intéressante à faire des caractères anthropologiques et physiologiques de cette race. Comme notre expédition doit traverser le pays des Danakils, j'en continuerai l'étude, qui complètera les notions déjà recueillies.

Toutefois, sans m'étendre aujourd'hui sur les caractères de cette race, laissez-moi vous dire que j'ai été surpris de rencontrer une intelligence aussi développée chez des individus aussi dépourvus de culture intellectuelle. De bonnes institutions et le frottement de notre civilisation seraient cependant nécessaires pour améliorer leur caractère vindicatif et rancunier.

La seule richesse de la population indigène est la propriété et l'élevage des troupeaux dont le soin est leur unique préoccupation. Ils s'occupent surtout de l'élevage du chameau et de l'âne, mais ils n'ont que peu de chevaux, et leurs mulets leur viennent d'Abyssinie. Ils ne s'occupent pas de l'élevage des oiseaux de basse-cour et ne se livrent à aucune espèce de culture. Ils passent leur temps à discourir entre eux, et à jouir d'un « far niente » qui paraît leur être tout particulièrement agréable ; quelques-uns cependant s'emploient comme ouvriers terrassiers, tout en déployant fort peu d'énergie.

Faune et Flore. — La faune et la flore de la contrée ne sont représentées que par un petit nombre d'individus qui n'offrent rien de spécialement intéressant. On y trouve l'hyène et le chacal, l'oegagre et l'onagre, avec quelques variétés de rongeurs : lièvres, écureuils de rochers, marmottes, etc.

L'ordre des oiseaux de proie y est particulièrement représenté : il y a en effet plusieurs variétés d'aigles, de vautours et de milans ; on y trouve quelques passereaux et un petit nombre de gallinacés dont les représentants les plus nombreux sont : la tourterelle, qui offre trois variétés, et la perdrix d'Afrique. Il existe, dit-on, des outardes, mais elles doivent être fort rares, car nul d'entre nous n'en a encore aperçu. Si l'on ajoute à cette énumération les oiseaux aquatiques répandus sur toute la côte africaine, on aura un résumé à peu près complet de toute la gent volatile de la contrée.

La flore du pays n'est pas beaucoup plus riche. Quelques

arbustes et plantes de la famille des rhizophorées et des lé-
gumineuses en constituent tout l'ensemble. Les palétuviers
forment de gracieux bouquets de verdure sur le rivage :
et un grand nombre de mimosas fournissent le combustible
nécessaire à la contrée. On y trouve aussi quelques gom-
miers, et, en grande quantité, le *séné* de l'espèce *Cassia
Aculifolia*. On pourrait même en entreprendre l'exploita-
tion. J'en ai fait ramasser quelques kilos que je vais em-
porter en Abyssinie, où il n'existe pas.

Telles sont, en résumé, mes premières impressions sur
Obock, où je n'ai séjourné que quelques semaines et qui,
par conséquent, ne peuvent, avoir la prétention d'être ab-
solument complètes.

Obock, le 26 avril 1883.

Docteur HAMON.

Versailles. — Imprimerie CERF et FILS, rue Duplessis, 59.

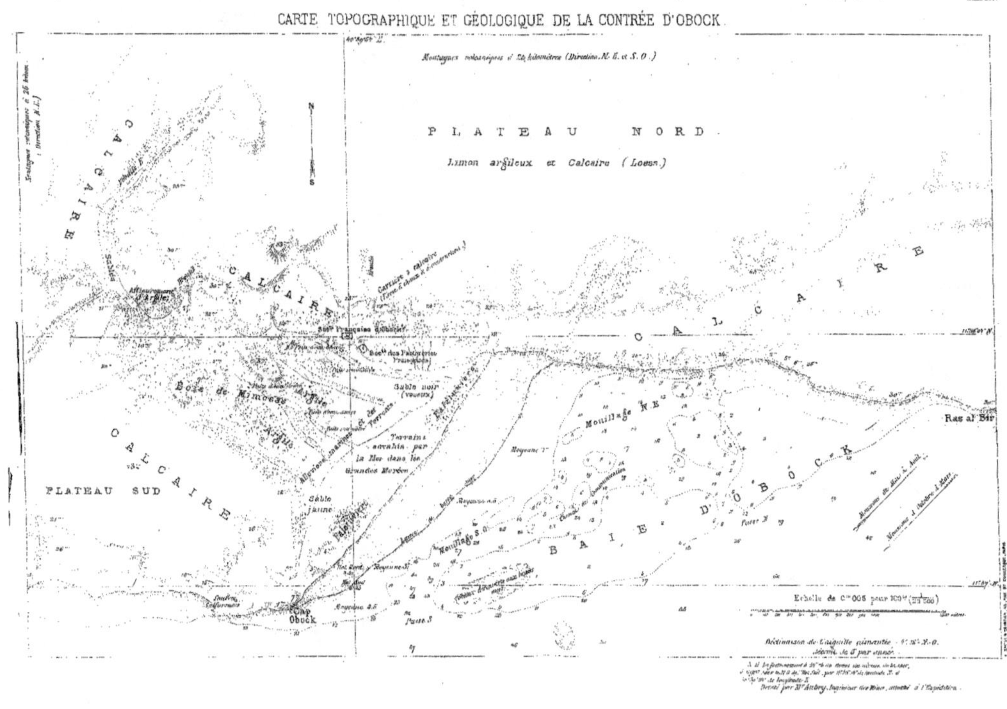

CARTE TOPOGRAPHIQUE ET GÉOLOGIQUE DE LA CONTRÉE D'OBOCK
Montagnes volcaniques à 24 kilomètres (Direction. N. E. et S. O.)
PLATEAU NORD
Limon argileux et Calcaire (Loess.)
CALCAIRE
CALCAIRE DE
CALCAIRE
PLATEAU SUD
CALCAIRE
Bois de Mimosas
Argile
Argile
Sable noir
(vaseux)
Terrains
envahis par
la Mer dans les
Grandes Marées
Sable
jaune
BAIE D'OBOCK
Mouillage N E
Mouillage S. O.
Camp
Obock
Ras al Bir
N
S
Échelle de C.m 005 pour 100.m (1/20 000)
Déclinaison de l'aiguille aimantée - N. 5°. N. O.
décroît de 5' par année.
Dressé par M.r Aubry, Ingénieur des Mines, attaché à l'Expédition.

NON UNIUS LIBRI

www.ingramcontent.com/pod-product-compliance
Lightning Source LLC
Chambersburg PA
CBHW071426030726
47594CB00006B/2607